사는 개 뭐라구

# 사는개 뭐라구

셜리 브라하 지음

중앙books
JoongAng Ilbo

MARNIE THE DOG

**일러두기**
한국어판 원고는 국내 독자의 정서와 캐릭터의 매력을 살리기 위해 저자의 동의를 구해 일부 의역했습니다.
그러면서 #므훗 #킹왕짱 #개이득 등 유행어가 포함됐는데, 모쪼록 즐겁게 읽어 주세요. 또 책에는 영어 원문을 함께 담았습니다.
원문을 통해 주인공 강아지의 혀 짧고 애교 있는 말투(이를테면 Okay를 Otay로 발음하는 식)를 만날 수 있고,
또 brb(be right back, 금방 돌아올게) 등 뉴요커의 생활 용어를 만날 수 있습니다.

마니를 만나지 못했다면 이런 즐거운 인생을 얻었을까,
강아지를 입양하려는 모든 사람들에게

# CONTENTS

# 우리의 어마어마한 인연에 관해서

강아지를 키워본 적이 있나요? 나이 든 개를 입양해본 적은요?

이 책은 나이 든 유기견과 나, 그 작은 인연에 관한 이야기면서, 그것이 불러온 어마어마한 변화에 관한 내용입니다. 원래는 예쁘고 귀여운 강아지를 입양할 계획이었죠. 뉴요커의 삶에 동반자가 되어줄 적합한 그런 강아지 말입니다. 그러던 중 유기견 보호 입양 사이트(Petfinder.com)에 들렀고 거기서 마니를 만나게 됩니다.

거기엔 두 장의 프로필 사진이 있었어요. 한 장의 사진에서 마니는 카메라를 똑바로 응시하고 있었고, 다른 한 장에서는 시선을 피하고 있었죠. 혀는 삐죽 튀어나온 채로, 마치 "왜 이런 나를 촬영하지?"라고 묻는 듯하더군요. 사진 외에는 어떤 설명도 없었죠. 이상하게도 제 맘은 마니에게 향하고 있더군요. 어떤 끌림을 느꼈던 겁니다.

당시 마니의 나이는 10살. 보호소에서 4개월을 머문 상태였어요. 월차를 내고 마니를 만나기 위해 기차를 탔습니다. 그때가 겨울의 끝자락. 마니는 덩치 크고 으르렁대는 개들에게 둘러싸인 채 작은 울타리 안에서 주눅 들어 있더군요. 그건 불공평한 일이었어요!

보호소 직원이 말해주길, 마니는 지저분한 거리에서 외롭게 발견됐다는군요. 마니의 이름표에 적힌 이름이 많은 걸 얘기해 줬죠. '아주 지저분하고 냄새나는 개'.

"어쩌지, 내가 이 더러운 개를 입양해야 하나?" "이 늙고 병든 개의 간병인이 되라는 거야?" "나와 한 팀이 될 수 있을까" 그때는 말 그대로 '멘붕'이었다고 할까요. 그러나 여러분도 알다시피, 세상의 어떤 인연은 후다닥 정리될 때가 있습니다.

정신을 차리고 나니 마니와 나는 집으로 돌아오는 기차를 타고 있었죠. 가장 먼저 한 일은 펫샵에 데려가 목욕을 시키는 거였어요. 마니는 아픈 친구였죠. 외롭고 더러운 노숙 생활에서 얻은 병들이 많았어요. 기생충에 감염됐고 치아는 거의 썩은 상태였으며, 흐릿한 한쪽 눈은 실명 위험에 처해 있었죠. 또 머리가 왼쪽으로 기울어 걱정했는데 수의사는 뇌종양을 의심했어요. 다행으로, 마니의 상태는 일시적인 전정계이상 징후군에 따른 현상으로 판명이 됐죠.

노숙견 마니는 10일간의 종합 검진과 가능한 모든 치료를 받은 뒤 집에 들어왔어요. 혀를 삐죽 내민 채 나를 보며 뛰는데, 그제야 우리가 한 팀이 됐다는 걸 실감했죠. 그때서야 마니를 바라보며 "사랑해"라고 말해줬어요. 그렇게 말하고 나니, 조금은 이상한 기분이 들더군요. 인생의 짝을 만난다는 건 그런 걸 겁니다. 그렇게 우린 가까워졌어요.

가정을 얻은 마니의 회복력은 놀라웠어요. 실명 위험에 처했던 눈이 점차 또렷하게 회복된 겁니다. 글쎄요, 저는 따뜻한 관계가 주는 회복력의 힘이라고 말하고 싶군요.

지금부터는, 마니가 만든 인생 역전 스토리입니다. 페이스북에 올린 마니의 사진을 본 친구들의 반응은 뜨거웠어요. "어머, 진짜 귀엽다", "어쩌면 마니는 SNS 스타가 될 거야" 등등. 마니가 유명해진다고요? 조금은 우스꽝스러운 마니의 외모를 응원하는 친구들의 애정 어린 말들은 그저 따뜻하고 친절해서 고마울 뿐이었죠.

그즈음 마니의 인스타그램 계정 @MarinetheDog를 열었어요. #유기견 #개스타그램 #시추, 3개의 해시태그를 달았죠. 여러분이 짐작하듯, 마니의 인스타그램은 아주 미지근한 반응으로 출발했어요.

그렇게 몇 달, 제 신상에 변화가 생겼습니다. 자발적(?) 백수가 된 건데요. 전에는 거대 엔터테인먼트

그룹 viacom 소속으로 MTV 음악 프로듀서로 일하고 있었죠. 야근을 마치고 마니와 퇴근하던 어느 날, 경비원이 제 어깨를 툭 치더니 "당신, 개를 회사에 데리고 온 거요? 그건 규정 위반입니다"라고 하더군요. 그날로 마니는 회사에서 퇴출당했고, 그로부터 3달 뒤, 나 역시 회사를 떠났어요. 다시 직장을 구하면서, 재입사의 원칙은 분명했죠.

'애완견과 함께 출근 가능할 것'.

그런 곳이 많겠나요? 몇 달을 백수로 보내던 중, 놀라운 일들이 일어나기 시작합니다. 마니의 인스타그램에 '좋아요'와 팔로어가 급격하게 늘어나기 시작한 거죠. 마니는 자고 일어나니 스타가 됐어요. 평소처럼 마니와 외출을 하면 사람들이 마니를 알아보고 아는 체를 하기 시작했죠. 마니의 사진들은 SNS를 점령하고, ABC 아침 프로그램 Good Morning America에도 출연했으니, 말 다했죠! 현재 마니의 인스타그램 팔로어는 190만 명을 넘어섰어요. 가끔 사람들이 묻더군요.

"마니는 자기 인생이 이렇게 변할 줄 알았을까요?"

나는 이렇게 대답해 줬습니다.

"아마도요. 외로웠던 과거를 보내면서 앞으로 다가올 찬란한 인생을 꿈꿨을 테니까요."

이 책이 한국 독자에게 소개될 즈음이면, 마니는 14살이 되겠네요. 맞아요, 할머니 시추입니다. 내 곁의 동물과 함께 인생의 한 부분을 공유한다는 일은 얼마나 감사할 일인가요. 마니가 건넨 조건 없는 사랑과 용기있는 모습이 제 인생을 놀랍게 변화시키고 있네요.

지금 지치고 외로운 누군가에게, 마니는 이런 인생 이야기를 들려주고 싶을 겁니다.

"나는 네가 행복하면 좋겠다. 내가 그랬던 것처럼. 새로운 인생을 시작하기에 늦은 때란 없어!"

—뉴욕에서 Shirley Braha와 Marnie가

인생의 주인공은 바로 나

#할머니 시추 #한때 노숙견 #방가방가
뉴요커의 쿨한 자기소개

Hi it's me Marnie.
I am a 13 year old lady. I'm also
a dog haha. I live in NYC.

나의 과거는 어두웠지만,
새로운 인생을 시작하기에 늦은 때란 없어!

1 time I didn't have a home and it was scary and I got sick.
Dont worry I am otay now.
This is me on the day I got adopted from a shelter 3 years ago.

내 집 마련 했다우!
따끈따끈한 내 이야기 들어 볼래?

Now I have an apt(that means a tiny house).
I'm also a book. Here is my book.

CHAPTER 1

# 내가 길거리에서 배운 것들

숲 체험이 면역력에 좋대

Nature is on fleek haha.
That means its good.

24

산다는 게 모험인지라

Going on an adventure brb*

*brb : be right back

어때, 케미 돋지?

Gus is so tall

# 브라보, 노마드 라이프

Welcome to my new house
jk lol

해브 어 굿데이

Have a good day
okay bi

이런, 생활의 활엽수!

Relaxing by the swamp

조깅 하면 심장이,
바운스 바운스

Finished my cardio

CHAPTER 2

# 좋아하는 일을 해야겠지?

평생직장 구한다우

Jobs?
I love jobs!

사람들이 얼마나 쉽게
권위에 복종하는지 알고 있나?

Respect my authoritah.
Haha lol.
Do u know that joke?

세상을 바꿉시다!
자, 다음 질문

Yes we are gonna reform everything.
Otay next question

내 인생 운전하는 법 좀 알려 줄래

Maybe u can Google the
instructions 4 me

애기야, 같이 가자

Where u headed? Is there a party there?
Do u have a bae? Whats ur nationality?
Who r u voting 4?

내가 너를 구해줄게

I'll save u
(that's not true so pls make sure ur smoke detectors work)

다시, 날자

I can't tell u my real identity sorry.
Otay it's Marnie haha

자, 맘껏 주문하라구

What snax should I give you?

CHAPTER 3

# 내가 원하는 대로

좋은 건 내가 먼저

Wow I got shotgun,
I can't believe I'm so kewl*

*kewl=cool

부릉부릉! 실례실례 합니다

Exsqueeze me bike lane

다녀올게. 우리 또 만나

C U L8R

지하철 쩍벌 금지!!

U can't manspread anymore
its the law

"땅콩 더, 더더더"
— 비행기 에티켓을 지킵시다

A free peanut?
Otay tank u

내 애마는… 킹왕짱!!

This bb has a turbo engine
with horsepowder
and a steering wheel yay

난 옛것이 좋더라
— 복고 열차 안에서

when I took the train
in the 90s #tbt*

*#tbt=throw back Thursday

CHAPTER 4

# 우리에겐 친구가 있잖아

루나와 #브로맨스

Me & Luna.
Hey Luna.

나의 베프, 해밀턴

Me & Hammy.
His real name is Hamilton.

어, 우리 어디서 봤더라?

I don't even know this guy

우리 썸타는 중?

Wait a minute Smokey da Lamb,
u not a dog

CHAPTER 5

# 달달한 게 당겨

친구가 먹는 걸로 주세요!!
— 영화(해리와 샐리가 만났을 때)에서

I'll have what she's having.
That's a joke from a movie.

나의 완소! 면빨

These noodles r so long amirite?

빈즈와 오후의 티타임

Having drinks with Beanz

굿모닝! 맛있는 아침이야

Candid breakfast shot

이런 게, 개이득

Sweetish Meatballs

식빵 모서리 활용법

Sometimes I put bread
on my head cause its weird
but in a cool way

CHAPTER 6

# 어떤 날엔 일탈

닥치고 열공!

OMG I'm so smart now yay

내 마음은 산타클로스

BRB have 2 spread cheer

개_애국심

D-g Bless Murica

나는 낭만 강아지~~

This is so romantic

어떤 날엔 일탈

No I'm not Marnie.
Who dat?
Haha Fooled you

CHAPTER 7

# 내 마음은 통화 중

우울할 땐, 일광욕 하기

Chillin by the pier

군중 속의 고독이랄까

Where's Marnie?
Try 2 find me. Keep looking.

수화기를 들었네
내 마음은 통화 중

I just called 2 say
I love u

시간이 많은 노인이 되고 싶었어
— 친구 사이먼과

Spending time w Simon

에구구, 오늘은 비가 오려나

I hope it don't rain
bc then I get wet

CHAPTER 8

# 살림살이는 나아졌습니까

다음 사람을 위해
수화기를 잠시 올려 두세요

Hold on I gotta get cash

므훗

Waiting 4 bae at the mall

지름신 강림

I hope they have my size

#펫셔니스타

Is these ones the rite
shape 4 my face?

목욕재_개
불금이니까

Getting ready 4 da club

가끔씩 지적 대화를 위한_나들이

At the museum 4 culture

CHAPTER 9

# 내 안의 작은 천사에게

벽은 넘으라고 있는 거야

That feeling when ur not on
the bed but u want 2 b

귀차니즘 주의보

Relaxing in the kitchenette
(that means tiny kitchen)

밤.샐.까

sleepover at my friends house

굿.나.잇

Pajammied down & ready 2 sleep.
Tank u 4 reading my book.
I hope u learned a lot bi.

# 나의 짝꿍 소개하는 걸 깜박했네

나의 주인이자 절친 소개를 깜빡할 뻔했네. 2012년에 나를 입양했고 쭉 친하게 지내고 있어. 무엇보다 이번 내 책이 나오기까지 엄청난 도움을 줬지. 이름은 셜리 브라하(Shirley Braha). 스미스 칼리지를 졸업한 제법 똑똑한 친구지. 잘나가던 음악 프로듀서인데, 지금은 자발적(?) 백수 생활 중이야. 뭐, 나랑 놀려고 그런 건 아니겠지만. 우린 지금 뉴욕 맨해튼에서 둘도 없이 지내고 있다고.

#뉴요커 #유기견 #시추 마니의 인생 가이드

# 사는 개 뭐라구

초판 1쇄 2016년 5월 27일

지은이     |  셜리 브라하 & 마니
옮긴이     |  강승민

발행인     |  이상언
제작책임   |  노재현
편집장     |  이정아
에디터     |  강승민
디자인     |  김진혜
마케팅     |  오정일 김동현 김훈일 한아름

발행처     |  중앙일보플러스(주)
주소       |  (04517) 서울시 중구 통일로 92 에이스타워 4층
등록       |  2007년 2월 13일 제2-4561호
판매       |  (02) 6416-3917
제작       |  (02) 6416-3988
홈페이지   |  www.joongangbooks.co.kr
페이스북   |  www.facebook.com/hellojbooks

ISBN 978-89-278-0766-7 13490

중앙북스는 중앙일보플러스(주)의 단행본 출판 브랜드입니다.